AF602456

ÉTUDE

BIOLOGIQUE

PAR

P. LEBLOIS

Docteur en médecine,

Membre de la Société de médecine d'Angers.

ANGERS

IMPRIMERIE P. LACHÈSE, BELLEUVRE ET DOLBEAU

13, Chaussée Saint-Pierre, 13.

1876

Ce travail m'a valu l'honneur d'être agrégé à la Société de Médecine d'Angers. Je le publie sous les auspices de sa bienveillante appréciation et de ma gratitude.

BIOLOGIE

> Et rerum causas et quid natura docebat.
>
> OVIDE.

I

« Il n'y a que deux façons d'envisager les phé-« nomènes de la vie, dit M. Bouchut, l'une qui les « rattache à un principe d'action qui en fait la *cause* « de l'agrégat vivant quel qu'il soit, l'autre qui les « considère comme un *effet* de l'organisation [1]. »

Devant un tel jugement d'un tel maître, je ne me dissimule pas ce qu'il y a de témérité à émettre une tierce opinion. Mais puisque j'ai la présomption de ne pas rester indifférent à ce débat, la recherche du vrai ayant d'ailleurs des droits imprescriptibles, j'ai le devoir de dire les raisons pour lesquelles ni l'une ni l'autre alternative n'a forcé ma conviction.

Au seuil de cette étude, qu'il me soit permis de dire que la distinction qui est habituellement faite entre le germe et l'individu qui en provient, n'est

[1] *Gazette des Hopitaux* du 29 février 1876.

pas justifiée. A partir de l'instant précis où un germe commence à vivre, jusqu'au moment où meurt l'individu quel qu'il soit, c'est un seul être, toujours le même, passant par diverses phases suivant l'espèce et suivant le règne, vivant successivement dans des milieux différents selon l'âge. Par exemple l'ovule humain fécondé c'est l'homme à la période initiale, pouvant se développer et vivre jusqu'à cent ans, mais pouvant mourir et mourant en effet à tous les âges intermédiaires à ces deux dates, pouvant même ne pas vivre du tout, comme on le verra plus loin.

De même que le gland contient le chêne, ainsi l'ovule contient le vieillard, lequel a subi les métamorphoses successives de la vie ovulaire et embryonnaire, de la vie fœtale, de l'adolescence, etc. Au terme de ces étapes l'homme diffère sensiblement de lui-même : l'embryon, sous le quadruple rapport de la forme, du volume, du poids et de l'organisation, ne ressemble pas plus à l'ovule qu'au fœtus, le fœtus pas plus à l'homme mûr que l'enfant au vieillard. Mais il n'en est pas moins vrai que le développement s'opère d'une façon insensible et de telle sorte que le progrès d'un jour à l'autre n'est pas appréciable. De ces considérations ne ressort-il pas que, sinon au point de vue histologique qui est réservé, du moins au point de vue biologique, l'on peut dire logiquement que le germe fécondé, ou mieux, le germe apte à vivre ne doit pas être abstrait de l'individu ; qu'au contraire il se confond avec lui à toutes les périodes de sa vie?

Cela sera rendu plus évident dans la suite de cette étude.

Or qu'est-ce qu'un germe ? « Parmi les agents de « la chimie vivante, dit M. Claude Bernard, le plus « puissant, le plus merveilleux est l'œuf, la cellule, « la cellule primordiale qui contient le germe, prin- « cipe organisateur de tout le corps. » Mais ce principe, si subtil et si puissant qu'on le suppose, ne peut organiser ce qui n'existe pas, en d'autres termes, ne peut organiser quelque chose avec rien. Par conséquent il faudrait encore et de toute nécessité, distinguer, dans la cellule primordiale, le principe organisateur, d'un substratum organisable. Qu'elle le veuille ou non la doctrine matérialiste implique un dualisme qui ne diffère de celui des vitalistes que par la matérialité du principe formateur.

Quel ? ce substratum. D'après M. Bouchut « le « germe n'a rien d'actif par lui-même.... Il est « inerte et par conséquent sans puissance évolutive « tant que le principe séminal, ne la lui aura pas « communiquée. » Assurément c'est là une condition nécessaire de la vie, mais non une condition suffisante ; et, dans ces termes, la question avance d'un pas sans être encore résolue. Car s'il est vrai qu'un ovule non fécondé est « condamné à la dé- « composition, » il n'est pas moins certain qu'un grand nombre de germes *séminalisés* sont mort-nés ou voués à l'inertie. En effet sans compter que des ovules fécondés d'animaux vivipares ont pu et dû se perdre sans être retenus dans la matrice, les œufs d'oiseaux et les graines végétales sont incapables de vivre par le seul fait de la fécondation : l'exemple du blé trouvé dans les momies d'Égypte le prouve de reste. Que si l'on objecte que de tels germes possèdent du moins une puissance évolutive, il est légitime de répondre que force et puissance ne se conçoivent pas autrement qu'en action : que par conséquent il leur faut un autre ou d'autres éléments de vie. D'ailleurs si le séminalisme était une condition vitale essentielle, comment vivraient les sporules des végétaux cryptogames et les bourgeons des zoophytes scissipares chez lesquels le germe semble créé de toutes pièces par un seul facteur?

Ainsi, loin que le principe séminal soit un principe de vie pour le germe, il n'en est que le complément. Et pas plus qu'il n'est permis de scinder l'apport des deux facteurs, il n'est possible d'attribuer à l'un d'eux un rôle prépondérant. Egalement nécessaires l'un à l'autre ils ne peuvent manquer d'exercer une influence combinée sur le futur produit. Réduite à cette proportion la doctrine du séminalisme exprime un fait vrai et encore considérable. Est-il entré dans la pensée du Créateur de multiplier par cet artifice les chances de diversité dans les espèces? Il semble légitime de le conclure en constatant que tel est en effet le résultat de ce mode de génération.

Dans le germe ainsi complété, c'est-à-dire susceptible de vivre, ou mieux d'être fait vivre, le microscope ne voit qu'une cellule *amorphe!* Il ne peut entrer dans ma pensée de discuter les découvertes dues à ce merveilleux instrument. Arguant de ce qu'il n'a pu encore surprendre les germes d'infusoires, peut-être aurait-on cependant le droit de dire qu'il n'a donc pas qualité pour nier une forme parce qu'il ne la voit pas. Admettons toutefois qu'il a bien vu, et vu tout; alors il a mal conclu ou s'est mal exprimé. Cellule amorphe est aussi étrange que cellule sans paroi imaginé récemment. Cellule si l'on veut, elle a au moins forme de cellule. De plus elle est cellule organique, car s'il est incontestable que de la matière inorganique ne peut donner naissance à un organisme ou à de la matière organique, la proposition inverse s'impose avec la même autorité. Enfin la cellule germinale a quelque chose de spécifique que le microscope est impuissant à démontrer, mais dont témoigne lumineusement l'évolution particulière à chaque espèce.

Ce n'est pas en effet le séminalisme qui peut rendre compte de cette spécificité de développement; autrement un agent séminal quelconque opérerait indifféremment sur toutes les cellules germinales prétendues amorphes, de quelque provenance qu'elles fussent; tandis que si, d'un côté, la reproduction par deux facteurs assure la variété dans l'espèce, chacun sait, d'autre part, que l'extrême limitation de l'hybridisme, jointe à l'infécondité des hybrides, en garantit l'unité.

Je me crois donc en droit de conclure que le germe est autre chose que de la matière amorphe; qu'il est véritablement un organisme; organisme élémentaire. fidèle image de celui dont il émane et qui a eu une pareille origine, réduction à la plus simple expression, si je puis ainsi parler, de l'être qui va se développer. Cet organisme est d'ailleurs visible dans les graines des végétaux venues à maturité, c'est-à-dire au moment où, séparées de la plante-mère, elles vont devoir vivre individuellement. Et, bien que je ne le voie pas dans le germe animal, il m'est plus aisé de croire qu'il existe néanmoins que d'admettre qu'une molécule amorphe, sous l'impulsion et l'empire d'un principe vital, qu'à défaut de la connaissance de sa nature, on est forcé d'identifier avec les phénomènes subjectifs de la vie, formera ici un homme, là un éléphant, ailleurs une fourmi. Il faudrait donc compter autant de principes vitaux que d'espèces, voire autant que d'individus. Ne voit-on pas que c'est vouloir ériger en principe d'action l'acte même ?

Si la doctrine du vitalisme ne présente pas l'unité et l'universalité qui sont l'essence d'un principe, je crois rencontrer ce double caractère dans le mode de génération des êtres vivants, et dans les conditions de l'entrée en vie des germes. Pour ce qui a trait à la génération, la division admise me paraît un peu artificielle, et les quatre grands modes : la segmentation, le bourgeonnement, la génération par spores, la génération sexuelle offrent des différences plus apparentes que réelles. En effet segment, bourgeon, spore ou ovule, je ne vois qu'un organisme qui se détache de l'organisme producteur alors qu'il peut vivre d'une vie indépendante, étant donnés les milieux appropriés, à cela près que le germe ovule a été procréé par le concours de deux facteurs. Est-ce ici le lieu d'opposer l'uniformité des organismes asexués à la variété des êtres bisexués constatée plus haut ? Toujours est-il que les êtres vivants semblent n'avoir d'autre rôle et d'autre but que de quintessencier, pour ainsi dire, leur propre substance en un nouvel être semblable à eux, et la génération n'est qu'un phénomène de nutrition et d'accroissement exagéré. Ces rapports entre la nutrition et la génération, si manifestes dans les organismes inférieurs chez lesquels la reproduction a lieu par scissiparité ou gemmiparité, sont aussi intimes chez les animaux supérieurs, ainsi que l'a démontré Leukart. En tout cas le générateur n'abandonne le nouvel être qu'au moment où celui-ci pourra vivre *motu proprio*. Il est à remarquer, en effet, que la séparation s'opère à des phases de développement plus ou moins avancées, suivant le degré d'indépendance dans laquelle se trouvera le germe vis-à-vis de l'organisme-mère, selon qu'il devra, ou non, renouer avec lui des relations temporaires. Et, pour le dire en passant, le fait de certains germes engendrés à l'état d'organismes plus ou moins parfaits mais évidents, est une raison de plus qui autorise à conclure, par analogie, à l'organisation d'autres êtres engendrés à l'état d'ovules microscopiques. Toutes ces observations, plus particulièrement afférentes au règne animal, s'appliquent néanmoins avec la même rigueur à la reproduction des végétaux.

Reste à comparer les conditions de l'entrée en vie des organismes à l'état de graine, si je puis ainsi dire, et à voir si elles ne se rattachent pas aussi à un principe unique. Nous avons vu que leur puissance évolutive ne les préservait pas toujours de la décomposition, ou bien pouvait rester indéfiniment lettre morte; et nous ajoutions que par conséquent il fallait à cette puissance une puissance plus forte, en d'autres termes, d'autres éléments de vie. Pour les graines végétales pas n'est besoin de chercher loin ces éléments; un peu de chaleur, un peu d'humidité dans les limites déterminées opèrent tous les jours ce miracle de la vivification.

Une rigoureuse analyse démontre que l'ovule des animaux vivipares germe, c'est-à-dire, entre en vie, dans des conditions absolument identiques. En effet, à partir de son énucléation de la vésicule de Graaf, l'organisme germinal, chemine isolément et libre dans les parties génitales, plongé dans une chaude et humide atmosphère qui le vivifie aussitôt. Car en réalité l'ovule vit avant de se greffer sur l'organisme qui l'a engendré, et avec lequel, ainsi que nous le disions plus haut, il va renouer des relations, dans lequel il va s'enraciner pour puiser les matériaux de son développement plus complet. Cette vie ovulaire a été constatée et étudiée par Bischoff, Carus et Dumortier, Ch. Robin, Coste, etc. Elle se traduit par des phénomènes de gemmation ou segmentation du vitellus. C'est à cet instant seulement que se manifestent « la sensibilité obscure

« organique indépendante des nerfs, la faculté de « se mouvoir sans fibres et sans muscles, enfin « une volonté instinctive et irrésistible des formes « à construire dans chaque espèce et dans chaque « organe des différentes espèces. » Mais ces attributs désignés par M. Bouchut par les noms d'impressibilité, autocinésie, promorphose ne sont pas antérieurs à l'organisation; ils sont concomitants; ils sont l'organisation même en miniature et au début, m'apparaissant aussi merveilleuse dans la segmentation en deux, d'une simple cellule, que dans l'assimilation d'un seul atome par les milliards de cellules qui constituent l'être adulte.

Au reste, il nous suffit de savoir que l'ovule fécondé vit individuellement dans un organe avec lequel il n'a encore que des rapports de *contiguité* et où il ne trouve d'autres éléments qu'un peu de mucosité humide et tiède, exactement comme une graine vit avant que ses organes aient franchi les limites de son enveloppe. Nous savons en outre que les œufs, en général, ne peuvent être vivifiés qu'au moyen de l'incubation, c'est-à-dire encore par la chaleur communiquée à l'humidité qu'ils contiennent eux-mêmes. Ainsi nous voyons d'une part des organismes qui ne peuvent entrer en vie ni spontanément, ni par la seule vertu d'un principe vital intrinsèque, et d'autre part la chaleur et l'humidité combinées opérer ce miracle.

Est-ce à dire que nous prétendions ériger en principe de vie ces deux éléments? Ce serait absurde, car tout seuls ils sont à jamais incapables de créer des organismes. Mais il n'en reste pas moins démontré qu'ils sont un facteur de la vie, facteur nécessaire, indispensable, aussi essentiel en un mot que l'organisme lui-même, à ce point que nous n'entrevoyons pas de raison d'attribuer à l'un plus qu'à l'autre un rôle prépondérant, et que nous sommes amenés naturellement à conclure et logiquement, ce nous semble, que, à la période initiale, *la vie résulte de l'action réciproque des organismes à l'état germinal et de la chaleur humide*. Aussi la terre étant en réalité semée d'organismes, vivifiante elle-même, et baignant dans une atmosphère vivifiante, au sens littéral des mots, voyons-nous la vie fourmiller à sa surface. Cet action n'est pas, de la part de chaleur humide, simplement catalytique; l'organisme ne peut s'en passer un seul instant pendant toute la période d'incubation, sous peine de voir la vie cesser. Ainsi envisagé, le principe de vie cesse de s'individualiser dans chaque être et rentre tout naturellement dans le cadre des *forces*, dont le caractère essentiel est d'être universellement répandues dans l'espace.

Au terme de la période d'incubation, très-courte chez les vivipares, l'œuf retenu dans l'organe de la gestation, n'y a-t-il pas là une nouvelle réaction, véritable combinaison entre le germe et la muqueuse utérine? Le résultat immédiat de cette réaction est l'implantation du nouvel être dans l'organisme-mère; implantation également active de la part des deux facteurs, celui-ci préparant un terrain particulier, celui-là y puisant et évoluant d'après des lois physiologiques déterminées. De plus, il est évident que dans le cours de cette seconde période et jusqu'à ce que le fœtus soit suffisamment mûr pour une dernière réaction vitale, la scission entraînerait cessation de la vie. D'où nous inférons que là encore le principe vital serait subordonné à l'action réciproque *continue* des deux organismes.

Enfin comme conséquence de son développement normal le fœtus arrive à une troisième phase celle de la vie isolée, laquelle ne continuera elle-même qu'à la condition que de nouveaux éléments, plus complexes à mesure que l'organisation avance (circumfusa, ingesta, percepta, etc.) soient mis en rapport direct avec l'organisme. Qui ne sait, pour ne citer qu'un exemple mais le plus saisissant, que l'impression de l'air met aussitôt en jeu la fonction respiratoire du nouveau-né?

En résumé nous voyons qu'aux différentes phases de l'existence, la vie est entretenue par la réaction incessante d'organismes et de milieux spéciaux et essentiels. (On voit quel sens élargi je donne à ce mot : milieux, signifiant tout ce qui entoure, touche, pénètre, en un mot impressionne d'une façon quelconque l'organisme et le fait réagir : voilà pourquoi encore je suis tenté d'appliquer à ces éléments le nom de réactifs vitaux). La vie se manifeste exclusivement, il est vrai, dans les êtres, par des phénomènes ressortissant de la physiologie; mais entre ces phénomènes et la mise en présence de ces réactifs (organismes et milieux) nous ne pouvons rien voir sinon Dieu qui, les ayant créés, a posé les lois d'après lesquelles l'accroissement des premiers se fait au moyen de combinaisons vitales avec les éléments des seconds, suivant des types spéciaux et toujours identiques, depuis la simple gemmation constatée à l'origine jusqu'à l'admirable complexité du stade ultime.

Nous avons maintenant, si nous ne nous abusons, les éléments suffisants pour résoudre la question posée au début. La vie est-elle cause ou effet de l'organisation? Tout d'abord il faut distinguer entre organisme à l'état *statique* et organisation à l'état *dynamique*. L'état statique ou inerte est manifeste dans les œufs d'oiseaux et les graines végétales. S'il n'a pas été constaté dans les germes des mammifères, il semble au moins possible et il est permis de supposer qu'un ovule fécondé, recueilli avec soin et convenablement desséché puisse, réintégré dans l'utérus, s'y développer encore. La simple analogie n'établit-elle pas une forte présomption en faveur de cette hypothèse? L'état statique particulier ou germe peut se retrouver dans l'être parvenu à un degré d'organisation plus avancé. Sans parler du repos des arbres pendant l'hiver, de l'hibernation des marmottes et des reptiles, des cas de mort apparente suivie de résurrection qui offrent des exemples de stase organique relative, le rotifère de Spallanzani en particulier. et les animalcules réviviscents en général, présentent un état organique absolument pareil à celui des organismes germinaux, s'ils viennent à être accidentellement privés de leur élément vital. L'organisation, au contraire, se traduit par un dynamisme évident, par le développement de l'être, par un mouvement continu de rénovation, d'assimilation et de désassimilation. Une distinction radicale est donc justifiée entre ces deux phases, l'une inerte, l'autre d'une incessante activité.

Or les vitalistes ne peuvent prétendre que l'inertie du grain de blé trouvé dans les momies d'Égypte et du rotifère desséché soit la vie. Ils se contentent en effet d'affirmer que la vie y est en puissance. Qu'est-ce à dire? Ne puis-je pas, avec autant de raison, soutenir que la décomposition ou la mort y est également en puissance? En vérité si la vie est en effet divisible, il me paraîtrait bien plus juste de dire qu'elle est en *puissance* dans l'élément vivifiant et en *acte* dans l'organisme vivifié. La doctrine vitaliste ajoute qu'il suffit d'une goutte d'eau pour ranimer l'un et faire produire à l'autre, après cinq mille ans de sommeil, du blé plus chargé de grains et plus grand que le nôtre. Il *suffit* soit, ce qui ne semble pas dire beaucoup; mais il *faut*, ce qui en dit bien davantage. Et en fait sans ce peu d'eau vous ne pourriez jamais tirer ce grain de blé de son sommeil qui durerait donc pendant l'éternité. Le réveil n'a lieu, ou pour parler plus scientifiquement la vie *n'est* que par le contact de la goutte d'eau.

Par contre les matérialistes ne peuvent soutenir que l'organisme statique soit l'organisation. Il y a dans le germe, organisme; je crois l'avoir démontré; il y a même, dans une certaine mesure, comme dans les grosses graines telles que glands, etc., il y a, dis-je, appareil organisé, mais non organisant : pour l'animer, il faut aussi le contact de la goutte d'eau. Vie et organisation coïncidant rigoureusement avec ce contact, sont donc absolument simultanés, inscindables, identiques.

Maintenant par qui et comment le germe a-t-il été concreté à l'état d'organisme stable? A cet égard nul embarras : par la vie organisante du générateur dont c'était, pour ainsi dire, l'unique fin, ainsi que nous l'avons vu déjà, et desquelles vie et organisation il a fait partie intégránte jusqu'au moment de la scission qui l'a constitué le germe individuel que nous étudions.

Que si l'on remonte la chaîne des êtres jusqu'au premier anneau, force est bien de conclure une création primitive et des organismes, et des milieux dans lesquels et par lesquels ils pussent évoluer, se développer, vivre enfin.

Ce serait ici le lieu de discuter la question de savoir à quelle phase de leur existence les premiers ont été créés ; si à l'état de germes, si en période de maturité. Mais outre que la solution de cette difficulté n'est pas à notre portée, elle ne changerait rien d'ailleurs à notre raisonnement. Car à quelque période que l'on considère l'être vivant, il en représente actuellement la totalité originelle ou finale, dans la mesure de temps et dans les formes assignées par le Créateur ; comme une génération quelconque se résume dans un ascendant et est le résumé d'une plus nombreuse descendance.

Cette opinion s'éloigne également du matérialisme qui, douant le germe d'une sorte de faculté auto-plasmatique, fait dériver la vie de l'organisation, et de la doctrine opposée qui, par horreur de celle-là, se jette dans un spiritualisme excessif, à mon avis, admettant une force rivale de la puissance créatrice de Dieu.

Qu'est-il en effet besoin d'invoquer, en dehors de cette puissance, un principe d'action hypothétique pour diriger, à *son gré*, l'évolution morphologique des êtres vivants ? Pourquoi encore l'opposer aux lois physico-chimiques ? Et quelle conclusion prétend-on tirer de leur comparaison ? Une brisure de cristal se répare en vertu d'une loi physique ; un bras amputé de salamandre se régénère en vertu d'une loi vitale : je vois ces deux lois juxtaposées dans la nature, différentes, je le veux, l'une plus complexe que l'autre soit, contradictoires non. Le minéral procédant d'une molécule inorganique, l'être vivant procédant d'une molécule organique, il est aisé de comprendre que la *genèse* et la texture seront loin de se ressembler. Quant à donner une définition essentielle de la vie, il ne nous paraît guère possible. Car la vie, résultant d'une réaction, n'est pas un agent mais un acte. Or un acte se constate plutôt qu'il ne se définit. Notre intelligence limitée ne connaît des phénomènes qui frappent nos sens que d'une façon contingente. Nous inventons des mots pour abstraire et généraliser les choses ; après cela, si nous voulons définir les mots, nos définitions ne devront être que descriptives, qu'une sorte de synonymie, sous peine de n'être pas compréhensibles. Par exemple combinaison, en chimie, est un mot qui résume dans ma pensée le fait de l'action réciproque de deux substances, l'une acide et l'autre basique d'où résulte un composé. Mais la combinaison n'est, à proprement parler, ni le composé ni la base ni l'acide pris isolément, c'est tout cela en même temps. Et si j'entreprends une définition de ce mot, je n'en trouve pas de meilleure que celle-ci : formation d'un composé chimique par la réaction de deux substances acide et basique.

De même la vie n'est ni le milieu vivifiant, ni l'appareil organique, ni son jeu fonctionnel, c'est tout cela à la fois et je la définirai : *le jeu fonctionnel produit et entretenu dans les organismes viables par l'influence continue des milieux vivifiants.*

II

La notion de santé et de maladie découle naturellement de cette définition, comme un corollaire d'un théorème géométrique. En effet la santé étant le jeu fonctionnel *régulier* d'organismes *sains* dans des milieux *normaux*, la maladie sera la modification ou trouble de ce même jeu fonctionnel, qu'il ait sa source dans l'anormalité de l'organisme ou dans la viciation des milieux. De là tout d'abord deux grandes classes étiologiques de maladies. L'anormalité de l'organisme est originelle et native. Nous avons dit que les générateurs avaient pour objet de quintessencier leur être en un nouveau produit semblable à eux ; la ressemblance physique et morale des enfants avec les parents le prouve, l'hérédité morbide en témoigne malheureusement aussi. Si bien qu'il est aujourd'hui établi, en pathologie, qu'un trop grand nombre d'états constitutionnels viciés et d'affections diathésiques sont transmissibles par génération et transmis en réalité aux descendants. Une telle pathogénie est hors de toute contestation, tandis que j'avoue ne pas comprendre un « principe vital pouvant subir accidentellement ou *volontairement* des modifications capables de changer la forme, la couleur et la vitalité des êtres ; » un « principe vital, point de départ d'un grand nombre de maladies de l'espèce humaine. »

En dehors de cette étiologie par hérédité peut-on admettre que l'organisme puisse être atteint de détérioration morbide, primitivement et spontanément, par le fait même de son fonctionnement et indépendamment des milieux ou réactifs externes ? Le fait de la dégradation sénile semble de nature à le faire croire. Toutefois dans la sénilité il y a une déchéance d'ensemble, graduelle et harmonique, si je puis ainsi dire, qui ne peut être assimilée à un état pathologique partiel ; de plus cette usure naturelle qui est bien en effet un résultat du fonctionnement organique n'arrive qu'à un terme à peu près fixe pour chaque espèce. Par conséquent une usure anticipée, l'hérédité étant hors de cause, ne peut être imputable, d'une façon immédiate ou médiate, qu'à une influence morbifique externe, aux milieux. Il y a donc lieu de distinguer entre anormalité et lésion ; le premier de ces deux mots exprimant dans ma pensée l'imprégnation morbide héréditaire du germe ; le second désignant l'altération matérielle résultant soit de cette imprégnation même, soit de l'action morbigène des milieux viciés, ou enfin multipliée par la coïncidence de cette double influence nocive. J'ajoute enfin que maladie et lésion se confondent au même titre que vie et organisation.

Cette dernière source de morbidité, les milieux, est tellement féconde que l'on a pu dire, avec une apparence de raison, que la vie est une lutte contre les causes extérieures de destruction, ou encore, l'ensemble des forces qui résistent à la mort. Bichat pensait lui-même que la vie imprime au mouvement de la matière une certaine direction en désaccord avec les lois de la physique et de la chimie. Qu'il y ait dans une certaine mesure effort pour rétablir la régularité fonctionnelle troublée par la maladie, cela est incontestable, et c'est précisément un effet de la réaction organisante, de la loi vitale signalée ailleurs ; c'est cet effort spontané que l'on a fort justement qualifié : nature médicatrice, la plus précieuse, l'indispensable auxiliaire de la thérapeutique. Toutefois si l'on considère, d'une part, les conditions presque infiniment variées de climat, d'habitat, de régime, de profession, etc., etc., qui influent sur l'organisme pour en déranger la santé ; si d'autre part, on tient compte des mille nuances de tempérament indéfiniment multipliées par les croisements, on pressent quel vaste champ d'étude et d'action reste encore au médecin.

En tout cas cet effort curatif, que je comparerais volontiers à la force attractive qui, après une série d'oscillations, ramène à la stabilité un corps dont l'équilibre a été dérangé, n'est que momentané, la lutte n'est qu'accidentelle, sous peine de se terminer fatalement par une défaite. Sans chercher ailleurs des arguments, la logique du Créateur m'est garante que, en règle, l'expansion organique qui constitue la vie se fait en parfaite compatibilité avec les lois physico-chimiques édictées à côté.

III

Parler de la mort dans des pages consacrées à une question de biologie peut paraître un contresens. Cependant, malgré la contradiction dans les termes, les deux choses sont connexes. Au reste il n'y a que peu à en dire. La mort étant la négative de la vie est la cessation définitive de cette dernière. Nous disons définitive pour la distinguer de la suspension momentanée dont il a été parlé à propos de l'état organique statique, et qui n'est qu'un état apparent de mort. En effet un organisme n'est réellement mort qu'alors qu'il n'est plus viable. Cette perte définitive de la viabilité survient par le fait d'une désorganisation pathologique ou accidentelle arrivée à une certaine puissance, ou bien par défaut des milieux vivifiants. Elle se révèle par la décomposition putride, laquelle est le seul signe certain de mort ; et les vingt mille francs du marquis d'Ourches n'en feront pas trouver un, que je sache, plus infaillible et plus à la portée de tout le monde. Si nous n'étions pas aussi pressés de nous débarrasser de nos morts, nous ne risquerions pas d'enterrer des vivants.

Les agents de la décomposition des organismes morts sont précisément la chaleur et l'humidité, ceux-là même que nous avons constaté les initiateurs de la vie. Mais, ce qui semblera véritablement prodigieux et comme une éclatante marque que la nature ne peut être surprise en contradiction, de cette décomposition même, sous l'empire du réactif vivifiant, renaît la vie ! De telle sorte que l'on peut dire, sans métaphore, que la mort la est pourvoyeuse de la vie. Des myriades d'animaux microscopiques sont engendrés sans transition dans ce milieu putride.

Si j'avais à prendre parti entre les croyants à la provenance des infusoires de germes semblables préexistants, et les adeptes de la génération spontanée, je dirais que, malgré les expériences de Tyndall sur les poussières de l'air et les conclusions de M. Pasteur, j'ai peine à concevoir une atmosphère tellement chargée de ces germes que nous devrions en être pénétrés par tous les pores et dévorés tout vivants. Plus volontiers penserais-je avec Buffon et Bennett que des molécules organiques désagrégées pussent être vivifiées isolément. J'ai hâte d'ajouter qu'un pareil mode de génération n'aurait, du reste, rien de spontané, les cellules dissociées devenant germes inférieurs, et se comportant comme tels sous l'empire d'agents vivifiants.

Cette vivification de molécules histolytiques, sans germe semblable préexistant, n'est-elle pas d'ailleurs réalisée par les spermatozoïdes dans la liqueur séminale?

Et maintenant pour condenser ce travail en quelques propositions fondamentales, je dirai sous forme de conclusions :

1° Le germe des êtres est un organisme, au même titre que l'individu qui en provient : autrement dit, le germe et l'individu, tant au point de vue philosophique qu'au point de vue physiologique, se confondent eu un seul et même être à des phases successives de son existence;

2° L'organisme germinal comporte une phase d'inertie que j'ai qualifiée : état organique statique, qui implique l'aptitude à vivre, mais qui n'est pas la vie, et ne peut l'engendrer spontanément ;

3° La vie est concomitante de l'organisation ;

Elle n'a pas son principe absolu dans l'organisme;

Ce principe réside dans la réaction des organismes et d'éléments extérieurs vivifiants ;

Il est donc unique et universel, par conséquent

distinct de la propriété évolutive des formes, dans les différentes espèces, laquelle propriété est inhérente à chaque germe en particulier, et son attribut exclusif ;

Enfin, comme toute réaction, ce principe est immatériel.

Dr Leblois.

Châteauneuf, 29 juin 1876.

ANGERS, IMP. P. LACHÈSE, BELLEUVRE ET DOLBEAU

www.ingramcontent.com/pod-product-compliance
Ingram Content Group UK Ltd.
Pitfield, Milton Keynes, MK11 3LW, UK
UKHW022209190726
13855UKWH00004B/1680

9 782013 048057